Scratch 科学小实验

ZHEJIANG UNIVERSITY PRESS
浙江大学出版社

图书在版编目（CIP）数据

Scratch 科学小实验 / 方顾，郤云江，楼佳群编著
. -- 杭州：浙江大学出版社，2023.8
ISBN 987-7-308-23475-7

Ⅰ . ① S... Ⅱ . ①方... ②郤... ③楼... Ⅲ . ①程序设
计 - 少儿读物 Ⅳ . ① TP311.1-49

中国版本图书馆 CIP 数据核字 (2022) 第 255405 号

Scratch Kexue Xiao Shiyan
Scratch 科学小实验

方　顾　郤云江　楼佳群　编著

责任编辑　丁佳雯

责任校对　周　芸

责任印制　范洪法

封面设计　钱苗苗

出版发行　浙江大学出版社

　　　　　（ 杭州市天目山路 148 号 邮政编码 310007 ）

　　　　　（ 网址：http://www.zjupress.com ）

排　　版　钱苗苗

印　　刷　杭州宏雅印刷有限公司

开　　本　787mmX1092mm　1/16

印　　张　9

字　　数　100 千

版 印 次　2023 年 8 月第 1 版　2023 年 8 月第 1 次印刷

书　　号　ISBN　987-7-308-23475-7

定　　价　36.00 元

序

你知道那些神奇的、隐藏在生活中的科学原理吗？比如在一个装有水的玻璃杯和一个装有一定浓度的盐水的玻璃杯中，同时放入鸡蛋，你会发现一个鸡蛋沉入水中，一个鸡蛋浮在水面上。再比如拿着鱼叉去水池里捕鱼，如果沿着你所见的鱼的方向去捕捉它，那么你可能永远也捕捉不到。

科学实验的主要步骤是观察、定义、假设、检验、发表和建构，引申到程序中的步骤就是分析、梳理、设计、测试、完善和展示。本书通过生活中的科学实验，以流程图的形式，帮助孩子轻松、准确地理解科学的奥秘。

知识是无限的，人生是有限的，若要在有限的人生内掌握无限的知识，这注定是会失败的，应用才是知识的价值所在。学习编程最重要的是动手实践，孩子利用 Scratch 便捷地模拟实验过程，能在其中获得成功的喜悦。

本书参考教材编写模式，由浅入深，每个科学实验都是从实际应用场景出发，阐述科学原理，再分析科学过程，并且运用流程图帮助孩子梳理编程的思路，便于其动手实践。每个课程最后，还给出了供课后思考练习的习题，为培养学生的创造力和思考力起到积极的促进作用。

本书的作者团队拥有丰富的教学经验，以 Scratch 3.0 为工具，精心设计每一个学习项目，循序渐进，层层深入，带领孩子开启一场科学实验的妙趣之旅。不论是有编程基础的孩子，还是初次接触编程的孩子，都能阅读本书。

"小码王"创始人　王江有

目录

第01课 燃点寻踪

同学们，你们知道为什么许多宾馆规定顾客不可以在床上吸烟吗？

让我们一起来制作一个燃点寻踪器吧！输入一个温度值，电脑就可以显示出该温度是否达到了物质的燃点。

燃点是指应用外部热源使物质表面起火并持续燃烧一定时间所需的最低温度。

求解思路

某种木材的燃点约为400摄氏度

75%浓度的医用酒精的燃点约为23摄氏度

某种纸巾的燃点约为130摄氏度

不同的物质有不一样的燃点，找出大于等于物质燃点的温度是解决问题的关键！

我知道了！我们可以把每个物质设置为一个角色，每个角色拥有两个造型，分别是非燃烧和燃烧的状态。输入温度，判断是否达到其燃点，显示对应造型。

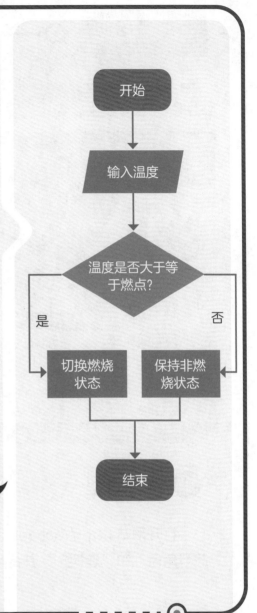

算法实现

1 导入造型

打开网站 http://school.xiaomawang.com，从第 1 课中下载"角色"和"造型"，并将其导入。

② 核心代码

以木材角色为例。

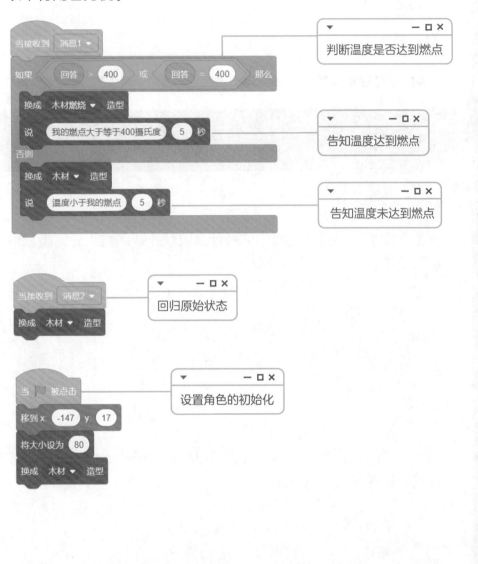

当接收到 消息1 ▾

判断温度是否达到燃点

如果 回答 > 400 或 回答 = 400 那么

　换成 木材燃烧 ▾ 造型

　说 我的燃点大于等于400摄氏度 5 秒

告知温度达到燃点

否则

　换成 木材 ▾ 造型

　说 温度小于我的燃点 5 秒

告知温度未达到燃点

当接收到 消息2 ▾

回归原始状态

换成 木材 ▾ 造型

当 ▶ 被点击

设置角色的初始化

移到 x: -147 y: 17

将大小设为 80

换成 木材 ▾ 造型

想一想

还有其他的实现方法吗？如果有，请与同学交流你的想法，并比一比不同想法之间的优缺点。

写一写

在制作燃点寻踪器的过程中你有什么收获（或困难），请将它们记录下来。

邀请你的同学或老师试用一下燃点寻踪器，听听他们的建议，并将其中好的建议记录下来。

思考题

模拟使用火柴来触碰物质，看物质能否被火柴点燃。
（设火焰固定温度为 1000 摄氏度。）

第02课 地球公转

同学们，在夏日白天的时间总是比黑夜的时间长，你们知道这个现象是怎么产生的吗？

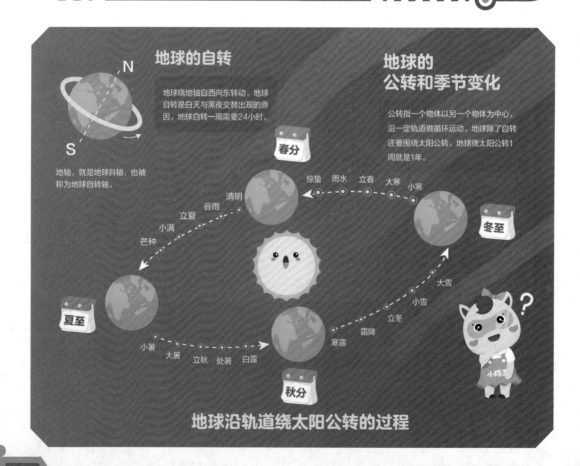

地球的自转

地球绕地轴自西向东转动，地球自转是白天与黑夜交替出现的原因。地球自转一周需要24小时。

地轴，就是地球斜轴，也被称为地球自转轴。

地球的公转和季节变化

公转指一个物体以另一个物体为中心，沿一定轨道做循环运动。地球除了自转还要围绕太阳公转。地球绕太阳公转1周就是1年。

春分 惊蛰 雨水 立春 大寒 小寒 冬至
清明 谷雨
立夏
小满
芒种
夏至
小暑 大暑 立秋 处暑 白露 寒露 霜降 立冬 小雪 大雪
秋分

地球沿轨道绕太阳公转的过程

如果我们能做一个地球公转演示器就好了！只要输入日期，就可以模拟出地球公转到那一天的位置变化。

地球按照一定的轨道围绕太阳转动，每年完成一次公转，也就是绕太阳转一圈。

求解思路

假设一年有 365 天，春分、夏至、秋分、冬至的日期分别为 3 月 21 日、6 月 22 日、9 月 23 日和 12 月 22 日。

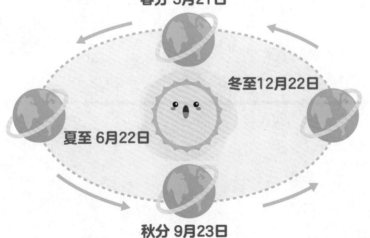

春分 3月21日

冬至12月22日

夏至 6月22日

秋分 9月23日

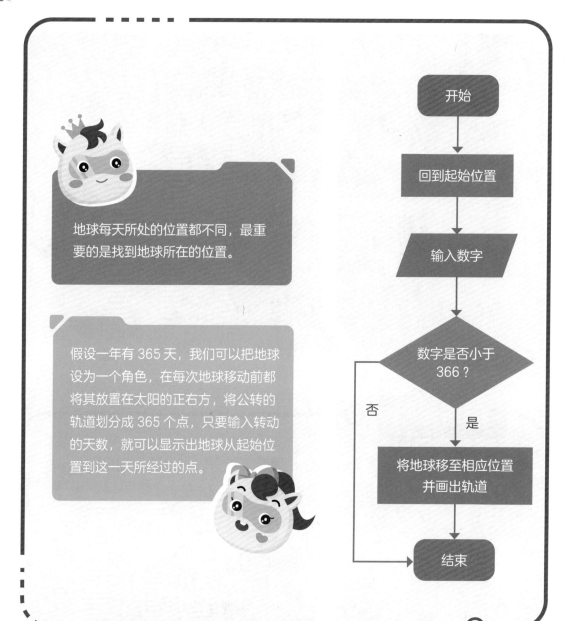

地球每天所处的位置都不同，最重要的是找到地球所在的位置。

假设一年有 365 天，我们可以把地球设为一个角色，在每次地球移动前都将其放置在太阳的正右方，将公转的轨道划分成 365 个点，只要输入转动的天数，就可以显示出地球从起始位置到这一天所经过的点。

开始

回到起始位置

输入数字

数字是否小于 366？

否

是

将地球移至相应位置并画出轨道

结束

算法实现

1 导入造型

打开网站 http://school.xiaomawang.com，从第 2 课中下载角色"地球"和"太阳"以及背景，并将其导入。

② 核心代码

　　以下这段代码属于地球角色，因为在程序中，太阳只起到提供中心位置的作用，运动都是地球围绕太阳所进行的。

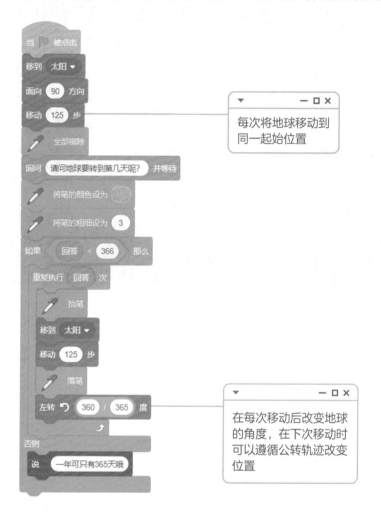

每次将地球移动到同一起始位置

在每次移动后改变地球的角度，在下次移动时可以遵循公转轨迹改变位置

想一想

还有其他的实现方法吗？如果有，请与同学交流你的想法，并比一比不同方法之间的优缺点。

做一做

在网上找一找火星的公转周期，并试着在程序中加入火星，让它和地球一起实现公转。

Scratch 科学小实验

写一写

在制作地球公转演示器的过程中你有什么收获（或困难），请将它们记录下来。

邀请你的同学或老师试用一下地球公转演示器，听听他们的建议，并将其中好的建议记录下来。

思考题

请在实现地球公转的同时，实现月球绕地球公转。

第03课 月相变化

同学们，你们有仔细观察过月亮的形状吗？为什么月亮有时候是半圆形，有时候像弯弯的镰刀，有时候又是圆形呢？

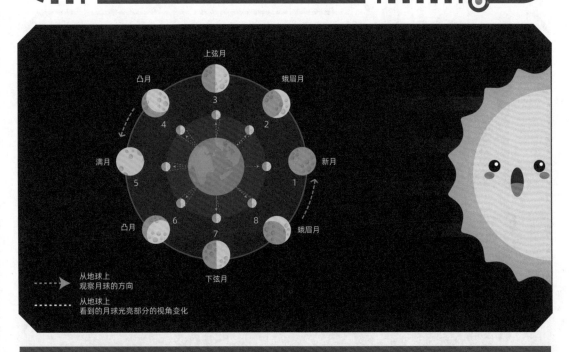

上弦月

凸月

蛾眉月

3

4

2

满月

新月

5

1

凸月

6

8

蛾眉月

7

下弦月

从地球上
观察月球的方向

从地球上
看到的月球光亮部分的视角变化

**地球上
所见月相**

1　2　3　4　5　6　7　8

要是能够制作一个月相演示器就好了！只要输入一个农历日期，电脑就可以模拟出那一天的月相。

在地球上看到的月球被日光照亮部分的不同形象，就是月相。

求解思路

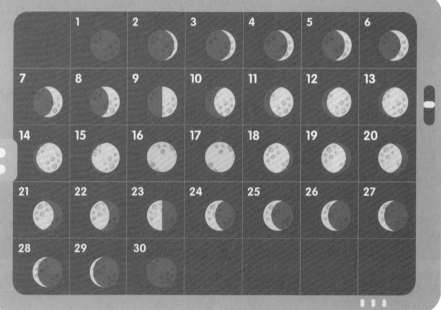

一个月中，每天的月相都不相同，月相变化的特点是解决问题的关键！

对！我们可以把月相设计成一个角色，每个造型对应当天的月相。接下来，输入当天的日期，只需要显示对应的造型就可以了。

开始

输入日期

切换造型

结束

算法实现

① 导入造型

　　打开网站 http://school.xiaomawang.com，从第 3 课中下载角色"月相"和背景，并将其导入。

② 核心代码

```
当 ▶ 被点击
将 num ▼ 设为 1
询问 输入查询的日历 并等待
重复执行直到  月相 ▼ 的第 num 项 包含 回答 ？
    将 num ▼ 增加 1
换成 num 造型
```

> ▼ 　　　　 一 口 ✕
> 判断输入的日期在
> 不在月相列表中

想一想

还有其他的实现方法吗？如果有，请与同学交流你的想法，并比一比不同方法之间的优缺点。

写一写

在制作月相演示器的过程中你有什么收获（或困难），请将它们记录下来。

邀请你的同学或老师试用一下月相演示器，听听他们的建议，并将其中好的建议记录下来。

Scratch 科学小实验

 思考题

请将本课任务改用滑块的方式来控制。
（提示：可以将滑块的位置信息转换成日期信息。）

第 04 课 水往高处流

　　同学们都知道水是从高处向低处流的，但是有时候也有例外，你们见过水往高处流的吗？

我们一起来制作一个水往高处流的装置吧！只要抽走装置内的空气，水就能从低处流到高处。

虹吸现象利用了压强差的原理。在密闭装置里的液体高度相同，压强相等，因此，可以利用水柱压力差，使水上升后再流到低处。

求解思路

当用针筒往外抽密闭装置内的空气时，低处的水能沿着吸管往上流，再流入密闭装置内。

我们可以把吸管和密闭装置设计为角色，当抽动针管的时候（按下↑或↓键操作），吸管和密闭装置就可以显示相应水位的造型。

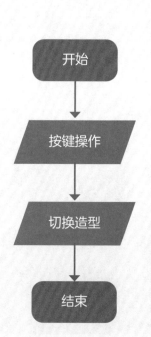

开始

↓

按键操作

↓

切换造型

↓

结束

算法实现

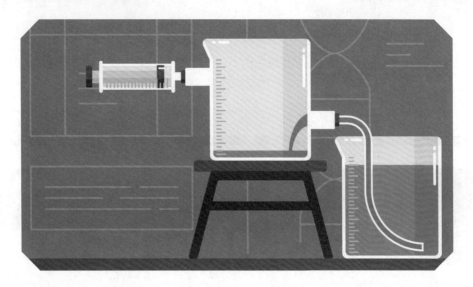

① 导入造型

打开网站 http://school.xiaomawang.com，从第 4 课中下载相关角色，并将其导入。

② **核心代码**

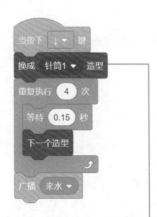

想一想

还有其他的实现方式吗？如果有，请与同学们交流你的想法，并比一比不同想法之间的优缺点。

写一写

在制作水往高处流的装置的过程中你有什么收获（或困难），请将它们记录下来。

邀请你的同学或老师试用一下水往高处流的装置，听听他们的建议，并将其中好的建议记录下来。

思考题

请通过添加变量的方式，将密闭装置中的空气容量显示出来。
（提示：变量）

第05课 植物生长

科学情境

同学们，你们有没有发现同一个植物在有些土壤里可以开花结果，而在有些土壤里却会枯萎？这是为什么呢？

要是能制作出模拟植物生长与土壤酸碱度关系的演示器就好了！我们可以通过改变土壤酸碱度观察其对植物生长的影响。

酸碱度描述的是水溶液的酸碱性强弱程度，用符号 pH 来表示。在热力学标准状况下，pH=7 的水溶液呈中性，pH<7 的水溶液呈酸性，pH>7 的水溶液呈碱性。

求解思路

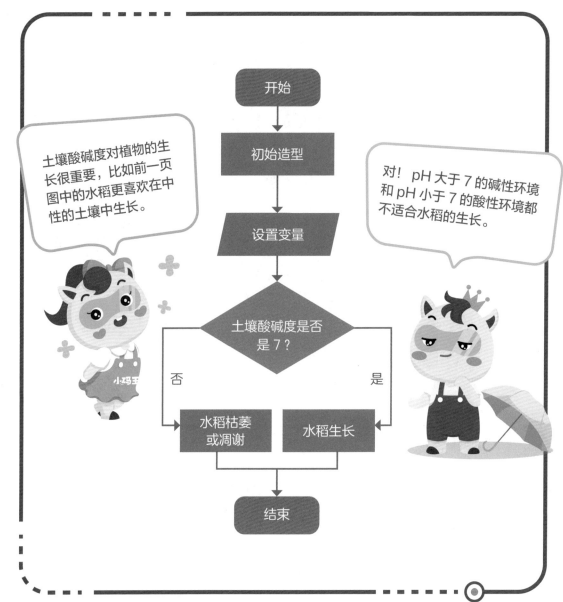

算法实现

1 导入造型

打开网站 http://school.xiaomawang.com，从第 5 课中下载
角色"水稻"，并将其导入。

② 核心代码

```
当 🏳 被点击
移到 x 43 y -13
换成 成熟的水稻 ▼ 造型
将 酸碱度 ▼ 设为 7
重复执行
    如果 酸碱度 > 7 那么
        换成 枯萎的水稻 ▼ 造型
        说 如果土壤碱性太强，不适合水稻生长 2 秒
    否则
        如果 酸碱度 < 7 那么
            换成 凋谢的水稻 ▼ 造型
            说 水稻适合在中性的土壤中种植 2 秒
        否则
            换成 成熟的水稻 ▼ 造型
```

> ▼ — □ ×
> 判断土壤的酸碱度，只有酸碱度为 7 的时候水稻才能正常生长，否则都会枯死

想一想

还有其他的实现方法吗？如果有，请与同学交流你的想法，并比一比不同想法之间的优缺点。

写一写

在制作植物生长与土壤酸碱度关系的演示器的过程中你有什么收获（或困难），请将它们记录下来。

邀请你的同学或老师试用一下植物生长与土壤酸碱度关系的演示器，听听他们的建议，并将其中好的建议记录下来。

思考题

请制作更多植物生长与土壤酸碱度关系的演示器。

（提示：可以借助网络搜索，获得更多植物生长的知识。）

第06课 物质的三态变化

科学情境

同学们，你们知道水放在冷冻柜里会变成什么样吗？如果把水加热到100℃它又会变成什么样呢？

升华 吸热

固态 — 熔化 吸热 → 液态 — 汽化 吸热 → 气态

固态 ← 凝固 放热 — 液态 ← 液化 放热 — 气态

凝华 放热

Scratch 科学小实验

要是能制作一个物质的三态变化模拟器就好了，这样就可以知道不同温度的水的形态是什么样的了。

一般情况下，物质都有三种形态，如水有固态、液态和气态三种形态，分别为冰、水和水蒸气。在一定条件下，物质的形态可以相互转化。

求解思路

水的状态与气温、压强等变化有关。众所周知，水有三种存在形态：水（液态）、水蒸气（气态）和冰（固态）。水在两种形态相互转化的过程中，有一个临界点。以我们生活的环境（1 个标准大气压）为例，冰和水转化的临界点是 0℃，水和水蒸气转化的临界点是 100℃。

温度	0℃以下	0℃	大于 0℃且小于 100℃	100℃	100℃以上
形态	冰	冰水混合物	水	气水混合物	水蒸气

我知道了，可以通过温度来判断水的形态！

没错！可以使用变量来改变温度。只要温度到达某个临界点时，切换到对应的形态就可以了。

开始

初始化温度

改变温度

切换对应温度的造型

结束

Scratch 科学小实验

算法实现

1 导入造型

打开网站 http://school.xiaomawang.com，从第 6 课中下载角色，并将其导入。

② 核心代码

```
重复执行
  如果 〈 温度 < 0 〉 那么
    换成 冰 ▾ 造型
    说 现在是"固态"的"冰"

  如果 〈 温度 = 0 〉 那么
    换成 冰水混合 ▾ 造型
    说 现在是"冰水混合物"

  如果 〈 温度 < 50 与 温度 > 0 〉 那么
    换成 水 ▾ 造型
    说 水现在是"液态"，在缓慢蒸发

  如果 〈 温度 > 50 与 温度 < 99.9 〉 那么
    换成 少量水蒸气 ▾ 造型
    说 水在快速蒸发

  如果 〈 温度 = 100 〉 那么
    换成 多量水蒸气 ▾ 造型
    说 现在是"气水混合物"

  如果 〈 温度 > 100 〉 那么
    换成 水蒸气 ▾ 造型
    说 现在全是"气态"的"水蒸气"
```

▼ 　　　　　　　　　　 — □ ×
根据温度切换水的形态

想一想

还有其他的实现方法吗？如果有，请与同学交流你的想法，并比一比不同想法之间的优缺点。

写一写

在制作水的三态变化模拟器过程中你有什么收获（或困难），请将它们记录下来。

邀请你的同学或老师试用一下物质的三态变化模拟器，听听他们的建议，并将其中好的建议记录下来。

思考题

如何在物质的三态变化模拟器的基础上，显示出状态变化时的"吸热"与"放热"情况呢？

第07课 声音的传播

同学们，你们知道声音是怎么传播的吗？音量（声音的响度）和什么因素有关呢？

要是能做一个声音在空气中传播的模拟实验就好了。

声音可以通过空气进行传播，而且音量与空气的密度有关。

求解思路

Scratch 科学小实验

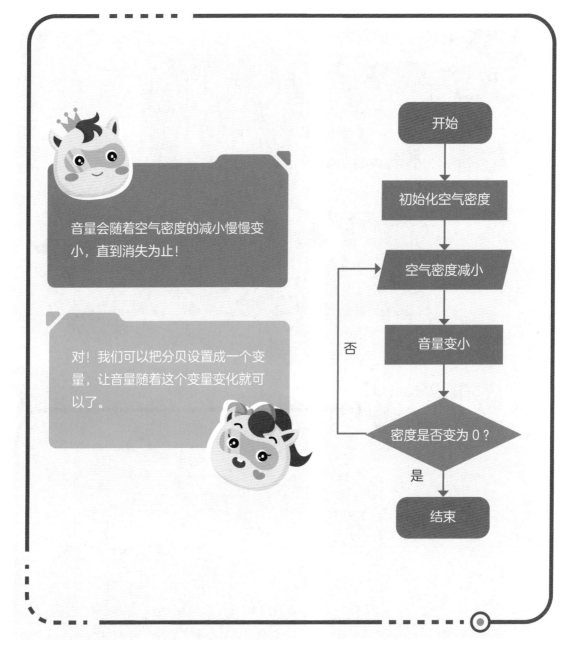

音量会随着空气密度的减小慢慢变小，直到消失为止！

对！我们可以把分贝设置成一个变量，让音量随着这个变量变化就可以了。

开始

初始化空气密度

空气密度减小

音量变小

密度是否变为0？

否

是

结束

算法实现

① 导入造型

打开网站 http://school.xiaomawang.com，从第 7 课中下载角色，并将其导入。

② 核心代码

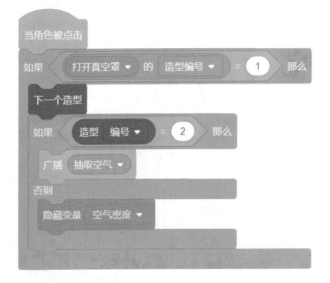

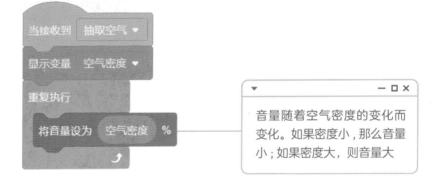

音量随着空气密度的变化而变化。如果密度小，那么音量小；如果密度大，则音量大

想一想

还有其他的实现方法吗？如果有，请与同学交流你的想法，并比一比不同想法之间的优缺点。

写一写

在做声音在空气中传播的模拟实验的过程中你有什么收获（或困难），请将它们记录下来。

邀请你的同学或老师做一下声音在空气中传播的模拟实验，听听他们的建议，并将其中好的建议记录下来。

思考题

请将本课任务中的减少空气密度方式改为自动减少的效果。

第08课 认识天平

科学情境

　　同学们，你们知道一个鸡蛋的质量是多少吗？一瓶牛奶的质量又是多少呢？有什么办法可以知道呢？

一个鸡蛋的质量是多少？

一瓶牛奶的质量是多少？

要是能制作一个天平工具就好了!放上任意的物品,就可以知道它的质量。

天平是依据杠杆原理制成的,在杠杆的两端各有一个小盘子,一端放砝码,另一端放要称的物体,杠杆中央装有指针,两端平衡时,两端的质量(重量)相等。

求解思路

两瓶牛奶的质量究竟是多少呢？如何用天平实现称重？右边盘子中该放多少砝码呢？

为了让天平达到平衡，我们可以依次放置不同质量的砝码，增加或减少砝码，从而实现左边盘子的质量和右边盘子的质量相等。

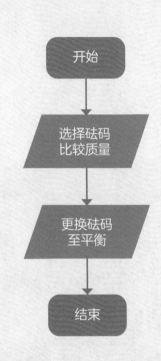

开始

选择砝码
比较质量

更换砝码
至平衡

结束

算法实现

1 导入造型

打开网站 http://school.xiaomawang.com，从第 8 课中下载角色，并将其导入。

② 核心代码

以下这段代码属于天平角色

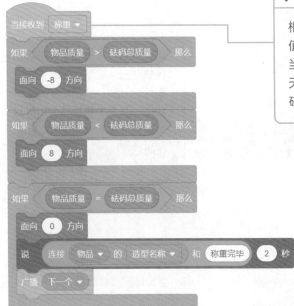

根据物品质量和砝码总质量的值的大小，来调整天平的位置。当物品质量大于砝码总质量时，天平向左偏；当物品质量小于砝码总质量时，天平向右偏

Scratch 科学小实验

以下这段代码属于砝码角色

根据判断 5 克砝码是否上盘来计算砝码总质量。如果上盘，则 5 克砝码总质量加砝码个体质量，否则 5 克砝码总质量减去砝码个体质量，其他克数的砝码依此类推

初始化 5 克砝码的个体质量值，其他砝码依此类推

想一想

还有其他实现天平平衡的方法吗？如果有，请与同学交流你的想法，并比一比不同想法之间的优缺点。

写一写

在实现让天平平衡的过程中你有什么收获（或困难），请将它们记录下来。

邀请你的同学或老师也试用一下天平，听听他们的建议，并将其中好的建议记录下来。

Scratch 科学小实验

思考题

若要准确称量大小不等、材质不同的物体的质量，我们还可以如何修改程序实现天平的称重呢？

第09课 光的反射

科学情境

小码酱在教室外照镜子，教室里的小码君看到墙面上有一个会动的亮点。同学们，你们知道这个亮点是怎么来的吗？

这个亮点是怎么来的？

要是能制作一个光的反射器就好了！当确定入射角后，它就能自动演示出光线反射的路线。

我发现光遇到水面、玻璃以及其他许多物体的表面都会发生反射。光在两种物质分界面上改变传播方向又返回原来物质中的现象，叫作光的反射。

求解思路

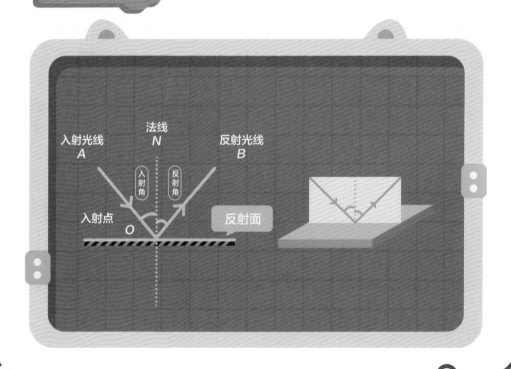

入射光线和反射光线之间有什么联系呢?

反射光线与入射光线、法线在同一平面上;反射光线和入射光线分居在法线的两侧;反射角等于入射角。

开始

确定入射角

计算反射角度数

改变方向

绘制反射光线

结束

算法实现

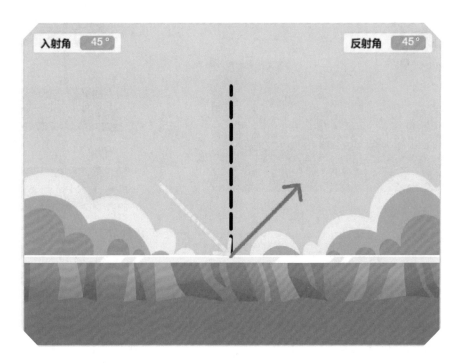

1 导入造型

打开网站 http://school.xiaomawang.com，从第 9 课中下载背景以及角色"入射光线"和"反射光线"，并将其导入。

2 核心代码

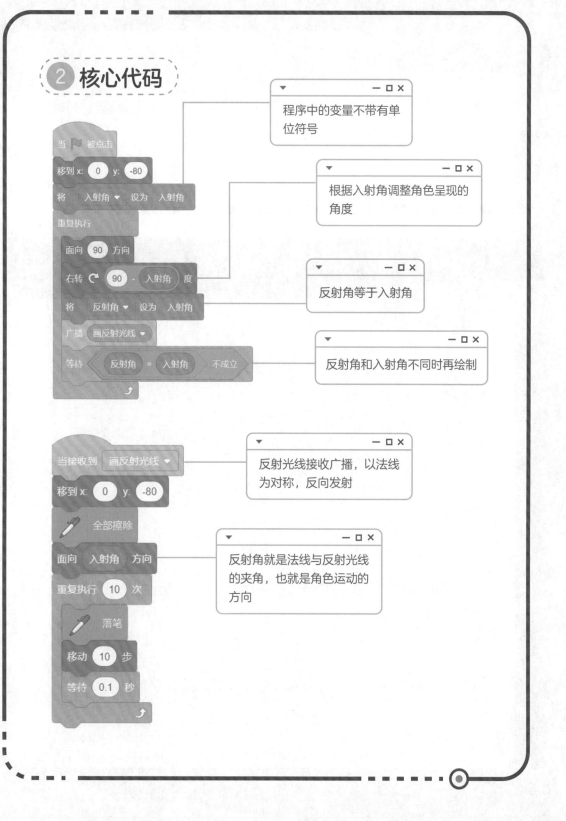

程序中的变量不带有单位符号

根据入射角调整角色呈现的角度

反射角等于入射角

反射角和入射角不同时再绘制

反射光线接收广播，以法线为对称，反向发射

反射角就是法线与反射光线的夹角，也就是角色运动的方向

想一想

还有其他的实现方法吗？如果有，请与同学交流你的想法，并比一比不同想法之间的优缺点。

写一写

在制作光的反射器的过程中你有什么收获（或困难），请将它们记录下来。

邀请你的同学或老师试用一下光的反射器，听听他们的建议，并将其中好的建议记录下来。

光从空气中射入水中，部分光线会反射回去，部分光线会进入水中，请为入射光线增加一条折射光线。

（提示：光在从一种介质斜射入另一种介质时，传播方向会发生改变。）

第10课 摩擦力

小码君和小码酱同时拉动桌面上的木块，你们猜谁用的力气更小?

当所受的压力相同时，接触面越粗糙，木块所受的滑动摩擦力越大。

要是能做一个模拟测力计就好了！它可以显示木块在不同接触面上所受的滑动摩擦力的大小。

木块在不同的接触面上，所受的滑动摩擦力的大小不同。

求解思路

 瓷砖：　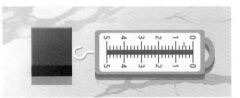　测力计指向 0.5N

木板：　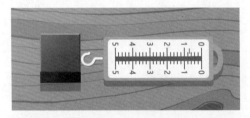　测力计指向 0.7N

砂纸：　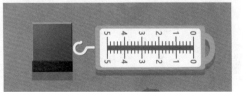　测力计指向 1N

没错！我们可以模拟测力计拉着木块在物体表面匀速运动的过程，用按钮切换不同接触面。将测力计设计成一个角色，根据在不同接触面木块所受的摩擦力的大小，修改测力计的初始坐标，同时用变量显示摩擦力的大小。

开始

初始化

修改变量值

移到指针位置

结束

在不同的接触面，木块所受的摩擦力不同。

算法实现

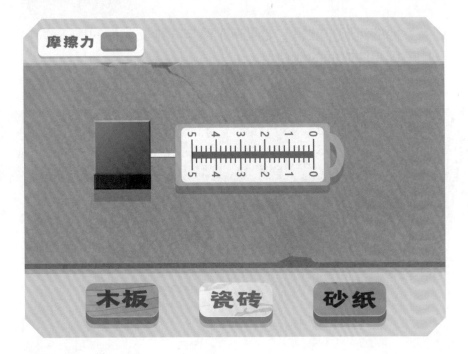

1 导入造型

打开网站 http://school.xiaomawang.com，从第 10 课中下载角色"测力计""按钮""木块"与"钩子"，并将其导入。

2 核心代码

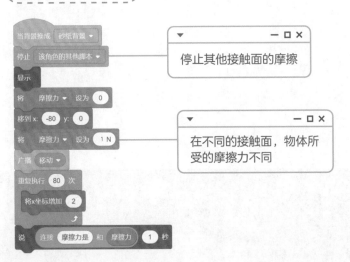

 想一想

还有其他的实现方法吗？如果有，请与同学交流你的想法，并比一比不同想法之间的优缺点。

 写一写

在制作模拟测力计的过程中你有什么收获（或困难），请将它们记录下来。

邀请你的同学或老师试用一下模拟测力计，听听他们的建议，并将其中好的建议记录下来。

思考题

请将测力计数值清零后，再将拉动测力计的数值记录下来，并按照数值呈现出对应的效果。

（提示：刚开始木块是静止的，当测力计指数达到最大静摩擦力，木块才会随之运动。）

第 11 课 物体的沉浮

同学们，你们知道为什么船可以漂浮在水上，而鸡蛋放入水中却下沉了呢？

海洋中巨大的冰川能在水上漂浮，游船、鸭子能在水面上游动，它们都受到重力的作用，但却都没有沉入水底，说明水对它们有一个向上的托力，这个力就叫作浮力。

要是能制作一个物体沉浮模拟器就好了！在一个投放了生鸡蛋的水中，放入食盐，随着食盐浓度越来越高，生鸡蛋会慢慢上浮。

一个生鸡蛋在不同的液体中，沉浮的状态是不一样的，这取决于液体和生鸡蛋的密度。

求解思路

生鸡蛋的密度是
1.1g/cm³

液体密度 < 1.1g/cm³　　液体密度=1.1g/cm³　　液体密度 > 1.1g/cm³

1. 当液体的密度 < 物体的密度时，物体沉在液体底部。

2. 当液体的密度 = 物体的密度时，物体沉浸并悬浮在液体中。

3. 当液体的密度 > 物体的密度时，物体漂浮在液体上部。

物体在液体中受到的浮力的大小，与它浸在液体中的体积有关，也与液体的密度有关。物体浸在液体中的体积越大，液体的密度越大，所受到的浮力就越大。根据著名的阿基米德原理，浮力的大小等于它排开的液体的重力，即

$$F_浮 = G_排 = \rho_液 g V_排$$

判断生鸡蛋在液体中的沉浮情况，只要进行两者之间的密度大小比较就好了。在常温常压下，生鸡蛋的密度是1.1g/cm³，清水的密度是1.0g/cm³，生鸡蛋的密度比清水的密度大，所以生鸡蛋在清水中会下沉。

　　当往水中加入盐，随着盐水中盐的浓度越来越高，盐水密度不断发生改变。（在常温常压下，饱和盐水的密度是1.33g/cm³）

　　不断循环判断，直到盐水密度大于或等于鸡蛋密度时，物体慢慢浮起至液面。结束输出。

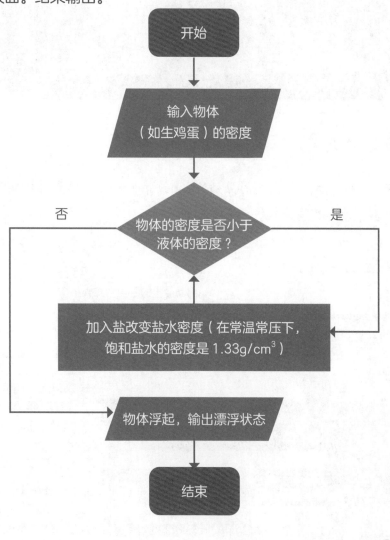

算法实现

1 导入造型

打开网站 http://school.xiaomawang.com，从第 11 课中
下载角色，并将其导入。

2 核心代码

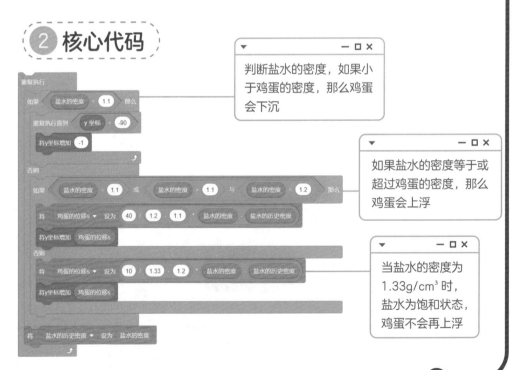

> 判断盐水的密度，如果小
> 于鸡蛋的密度，那么鸡蛋
> 会下沉

> 如果盐水的密度等于或
> 超过鸡蛋的密度，那么
> 鸡蛋会上浮

> 当盐水的密度为
> 1.33g/cm³ 时，
> 盐水为饱和状态，
> 鸡蛋不会再上浮

当角色被点击

重复执行直到 〈 按下鼠标? 〉 不成立

　　移到 鼠标指针 ▾

如果 〈 勺子状态 = 0 与 碰到 盐罐子 ▾ ? 〉 那么

　　换成 勺子 ▾ 造型

　　移到 x: 食盐x坐标 - 10 y: 食盐y坐标 + 108

　　换成 勺子倒 ▾ 造型

　　在 1 秒内滑行到 x: 食盐x坐标 + 20 y: 食盐y坐标

　　换成 勺子-带盐 ▾ 造型

　　广播 减少食盐 ▾ 并等待

　　在 1 秒内滑行到 x: x坐标 y: 食盐y坐标 + 108

　　在 1 秒内滑行到 x: -19 y: -73

　　将 勺子状态 ▾ 设为 1

否则

如果 〈 勺子状态 = 1 与 碰到 烧杯 ▾ ? 〉 那么

　　换成 勺子-带盐 ▾ 造型

　　移到 x: 122 y: 53

　　在 1 秒内滑行到 x: 122 y: 34

　　换成 带盐勺子倒 ▾ 造型

　　等待 0.1 秒

　　换成 勺子倒 ▾ 造型

　　广播 倒入食盐 ▾ 并等待

　　换成 勺子 ▾ 造型

　　在 1 秒内滑行到 x: -19 y: -73

　　将 勺子状态 ▾ 设为 0

鼠标控制勺子移动

模拟勺子舀出食盐
的效果

模拟勺子将食盐倒
入烧杯的效果

73

想一想

还有其他的实现方法吗？如果有，请与同学交流你的想法，并比一比不同想法之间的优缺点。

写一写

在制作物体沉浮模拟器的过程中你有什么收获（或困难），请将它们记录下来。

邀请你的同学或老师试用一下沉浮实验模拟器，听听他们的建议，并将其中好的建议记录下来。

思考题

你能尝试做一做相同体积、不同质量的物体在某一液体中的沉浮状态吗？（提示：物体的沉浮与物体的密度有关，与质量无关。）如果难度提升，改变物体的面积，你可以尝试挑战制作一下吗？

第12课 串联电路

一个开关可以控制一个灯也可以控制两个灯，同学们，你们知道原理吗？

如图所示，把两个小灯泡，顺次连接在电路里，一个灯泡亮时另一个灯泡也会亮。像这样把元件沿着单一路径逐个连接起来的电路称为串联电路。

要是能制作一个模拟电路串联的演示器就好了，动手将线路连一连，灯泡就可以被点亮。

在生活中，比较简单的电路连接方式主要有串联和并联两种。

求解思路

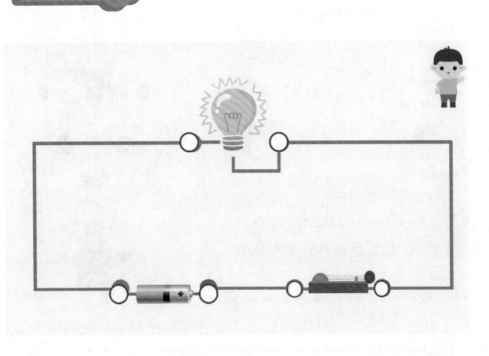

1

如何判断元器件是否连通电路了呢?

2

如果元器件同时碰到红点和绿点,就代表元器件已接入电路啦!

3

我知道了,可以用逻辑运算符"与""或""非"来判断。可以用变量值作为元器件的状态,连入成功后,对应的变量值就从0变成1。

4

为了实验的安全性,开关都要以断开的状态接入电路,这时候开关就有三个状态。你知道有哪三个吗?

5

很简单。连线成功可以用2表示,之后合上开关用变量值1表示,连线后断开开关用0表示。

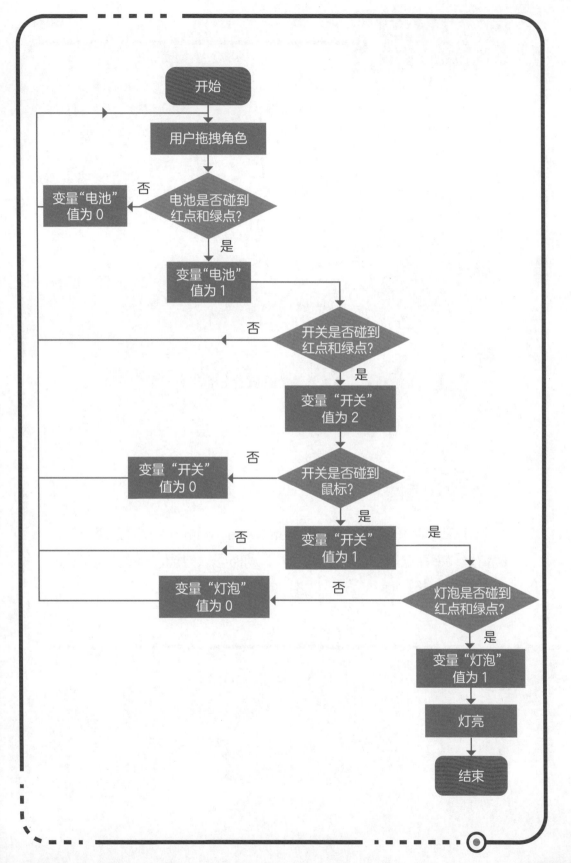

算法实现

请分别将各个物品拖动到相应位置组成电路，鼠标箭头触碰开关即可将其合上。点我可重置。

① 导入造型

打开网站 http://school.xiaomawang.com，从第 12 课中下载背景"串联电路"，并将其导入，同时导入电池、开关、灯泡等必要的元器件。

② 核心代码

以下这段代码属于开关角色

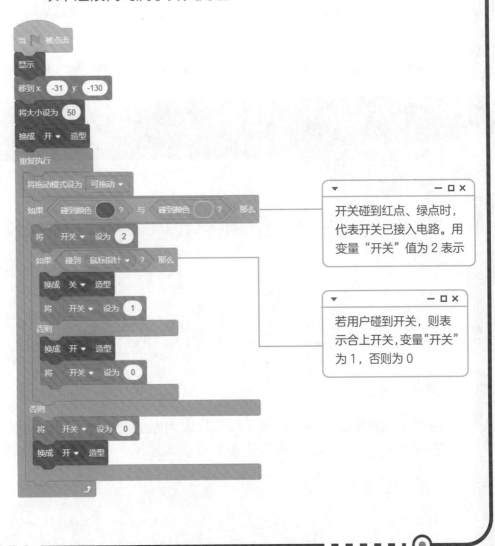

开关碰到红点、绿点时，代表开关已接入电路。用变量"开关"值为 2 表示

若用户碰到开关，则表示合上开关，变量"开关"为 1，否则为 0

想一想

灯泡满足什么条件时会亮？
（提示：当电池、开关、灯泡均成功连入电路，并且合上开关时，电路连通，灯泡点亮。）

写一写

在模拟串联电路的演示器时你有什么收获（或困难），请将它们记录下来。

邀请你的同学或老师试用一下模拟串联电路的演示器，听听他们的建议，并将其中好的建议记录下来。

思考题

如何模拟实现并联电路的连接呢?

第13课 电磁探秘

小码君说自己有魔法，他可以让硬币都跟着他移动！同学们，你们知道这是什么原理吗？

 如果能有演示电磁铁运行情况的模拟器就好了！与现实中操作电磁铁一样，将电池放在电源中，闭合开关，电磁铁就能够吸引铁钉；放置的电池越多，能够吸引的铁钉就会越多。

电磁铁是通电产生电磁的一种装置。在铁芯的外部缠绕与其功率相匹配的导电绕组，这种通有电流的线圈像磁铁一样具有磁性，叫作电磁铁。

求解思路

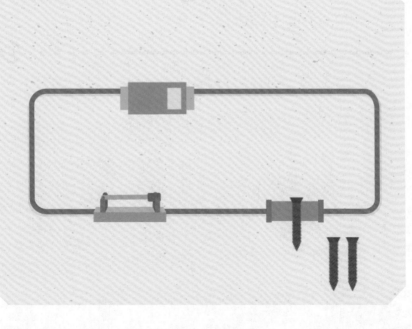

电源中放置不同数量的电池，会吸引不同数量的铁钉，电磁铁的磁力强度就是靠这个特点来体现的。所以了解不同数量的电池对应不同数量的铁钉是解决问题的关键！

没错！我们可以将放入电源的电池数量设置成变量，当开关闭合后，电磁铁能够根据这个变量值的大小来完成吸引相应的铁钉数量。

开始

↓

设置电源

↓

闭合开关

↓

吸铁钉

↓

结束

算法实现

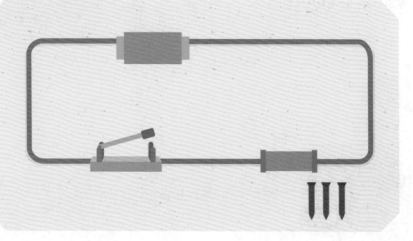

1 导入造型

打开网站 http://school.xiaomawang.com，从第 13 课中下载背景及角色，并将其导入，同时导入电池、开关、灯泡等必要的元器件。

② 核心代码

（1）电源部分

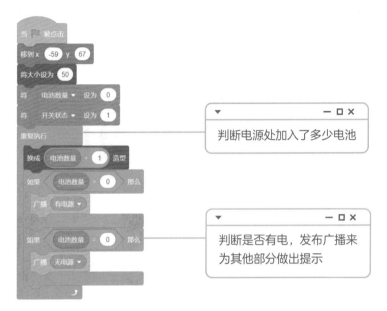

当 ▶ 被点击
移到 x -59 y 67
将大小设为 50
将 电池数量 ▼ 设为 0
将 开关状态 ▼ 设为 1
重复执行
  换成 电池数量 + 1 造型
  如果 电池数量 > 0 那么
    广播 有电源 ▼
  如果 电池数量 = 0 那么
    广播 无电源 ▼

判断电源处加入了多少电池

判断是否有电，发布广播来为其他部分做出提示

    该部分要对电池放入多少进行判断，尤其是无电池和有电池的情况。由于在程序运行过程中需要时刻判断电池的数量，因此将核心程序部分放入"重复执行"的程序块中。

（2）开关部分

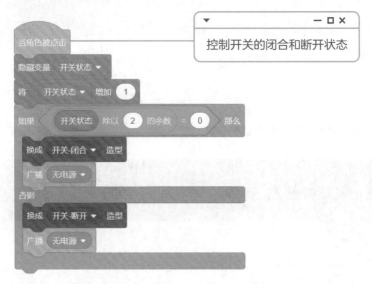

当角色被点击

隐藏变量 开关状态 ▼

将 开关状态 ▼ 增加 1

如果 开关状态 除以 2 的余数 = 0 那么

换成 开关-闭合 ▼ 造型

广播 无电源 ▼

否则

换成 开关-断开 ▼ 造型

广播 无电源 ▼

控制开关的闭合和断开状态

（3）铁钉部分（以其中一个铁钉为例）

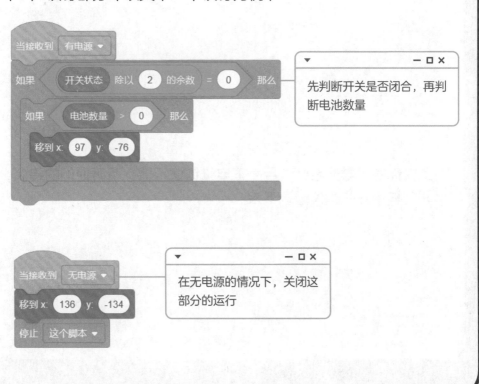

当接收到 有电源 ▼

如果 开关状态 除以 2 的余数 = 0 那么

如果 电池数量 > 0 那么

移到 x: 97 y: -76

先判断开关是否闭合，再判断电池数量

当接收到 无电源 ▼

移到 x: 136 y: -134

停止 这个脚本 ▼

在无电源的情况下，关闭这部分的运行

想一想

还有其他的实现方法吗？如果有，请与同学交流你的想法，并比一比不同想法之间的优缺点。

写一写

在制作电磁铁演示器的过程中你有什么收获（或困难），请将它们记录下来。

邀请你的同学或老师试用一下电磁铁演示器，听听他们的建议，并将其中好的建议记录下来。

思考题

请在本课程序的基础上添加滑动变阻器，移动滑动变阻器的滑块能够对电磁铁吸引的铁钉数量产生影响。

（提示：可以在滑动变阻器程序部分添加对电源这一变量进行影响。）

第14课 影子的长短

我们站在太阳底下会在地面上看到自己的影子，同学们，你们有没有发现在不同的时间影子的长短不同呢?

影子为什么有长有短?

要是能制作一个模拟影子变化的模型就好了！点亮手电筒，就可以显示物体在该位置影子的长短。

由于不透明的物体阻挡了光的传播，光不能穿过不透明的物体而形成了较暗区域，这就是我们常说的影子。影子的长短与光源的照射角度存在紧密联系。

求解思路

用同一光源从不同的照射角度照物体，影子的长短也会不同，影子长度与方向动态变化的实现是解决问题的关键！

对！我们可以通过添加辅助点来定位影子的终点。判断光源（手电筒）的开关，在打开状态下首先确定光源至物体的直线，延长后确定影子的终点。接下来，定义绘制过程，用画笔动态绘制影子的变化。

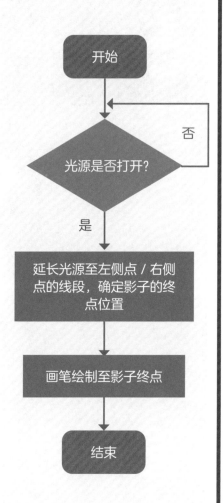

开始

光源是否打开？ — 否

是

延长光源至左侧点 / 右侧点的线段，确定影子的终点位置

画笔绘制至影子终点

结束

算法实现

1 导入造型

打开网站 http://school.xiaomawang.com，从第 14 课中下载角色"手电筒"，并将其导入。

2 核心代码

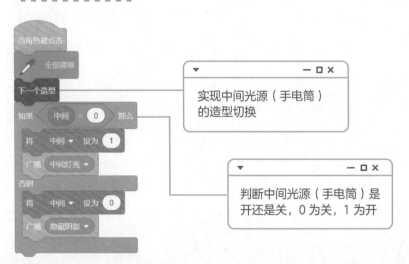

实现中间光源（手电筒）的造型切换

判断中间光源（手电筒）是开还是关，0 为关，1 为开

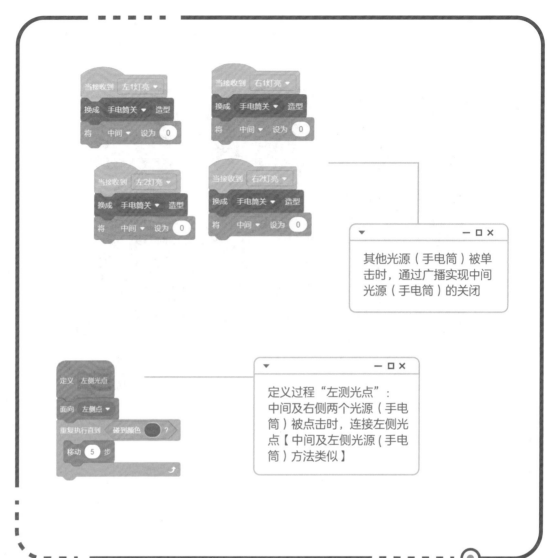

其他光源（手电筒）被单击时，通过广播实现中间光源（手电筒）的关闭

定义过程"左测光点"：中间及右侧两个光源（手电筒）被点击时，连接左侧光点【中间及左侧光源（手电筒）方法类似】

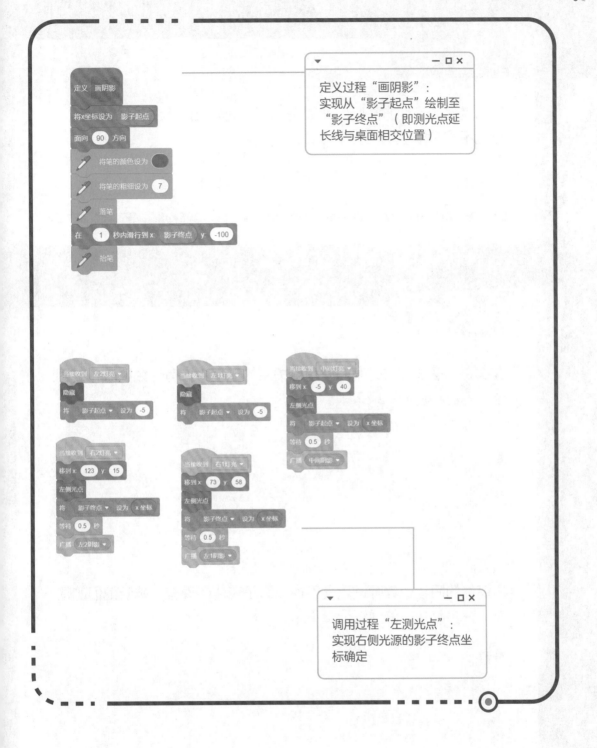

定义过程"画阴影":
实现从"影子起点"绘制至
"影子终点"(即测光点延
长线与桌面相交位置)

调用过程"左测光点":
实现右侧光源的影子终点坐
标确定

想一想

还有其他的实现方法吗？如果有，请与同学交流你的想法，并比一比不同想法之间的优缺点。

写一写

在探究影子长度与光源照射角度关系的过程中你有什么收获（或困难），请将它们记录下来。

邀请你的同学或老师试用一下模拟影子变化的模型，听听他们的建议，并将其中好的建议记录下来。

你了解古人掌握的时间的秘密吗？通过测量太阳光下物体的影子来计量时间，这就是日晷的基本原理。如果能够自己做一个日晷，该多好啊！

可以试一试！日晷的变量有很多，包括日照、纬度、节气等因素，会影响影长和方向。我们选择在赤道附近，以夏至这一天为例，制作日晷。（小提示：夏至日日晷晷针的影子，随太阳东升西落而顺时针移动。）

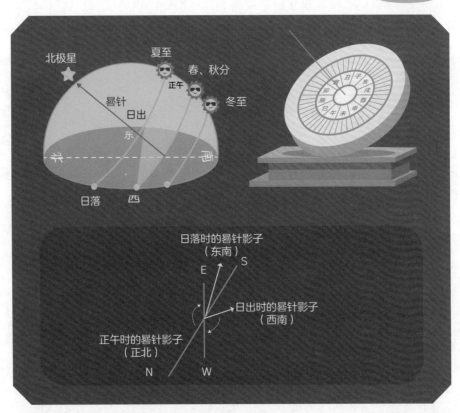

请尝试实现，用户输入时间（6：00—18：00）后，屏幕中显示该时间对应的日晷晷针影子的方向。

第15课 自制水杯琴

科学情境

同学们，你们有没有敲击过含有水的杯子？敲击含水量不同的杯子所发出的声音也不同哦！那么你们知道是敲击水量多的杯子音高还是敲击水量少的杯子音高呢？

在杯子里加入不同高度的水就能演奏出不同的音高（音调的高低）。如果能通过程序来模拟水杯琴就好了！在杯中加入不同高度的水，模拟敲击发出的声音。

声音的高低可以用音高来描述。物体振动得越快，发出的声音就越高；物体振动得越慢，发出的声音就越低。

求解思路

音符唱名	do	si	la	sol	fa	mi	re	do
简谱	i	7	6	5	4	3	2	1
水量	0	10	30	50	70	80	90	120

（1）造型与音调的对应

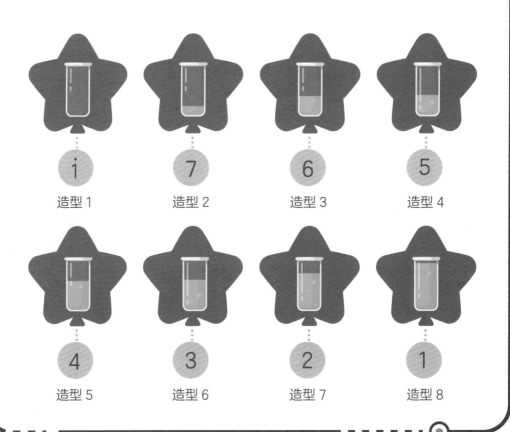

（2）一只水杯的音调调节

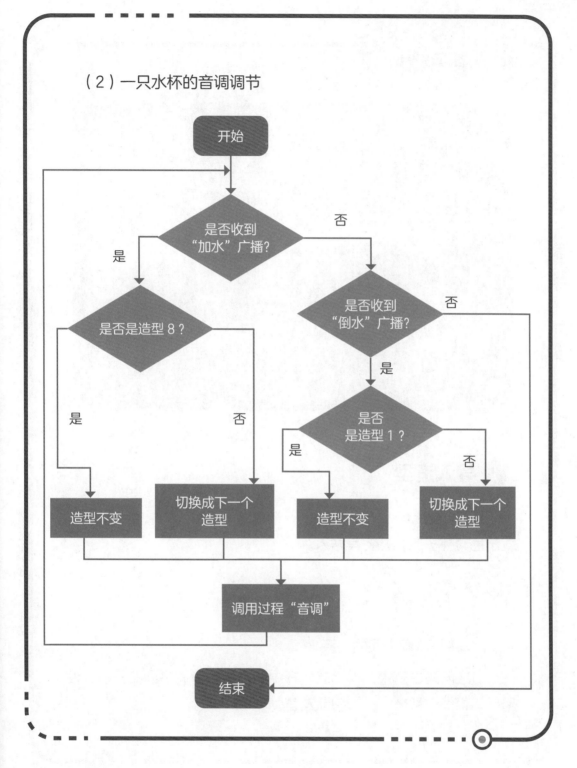

算法实现

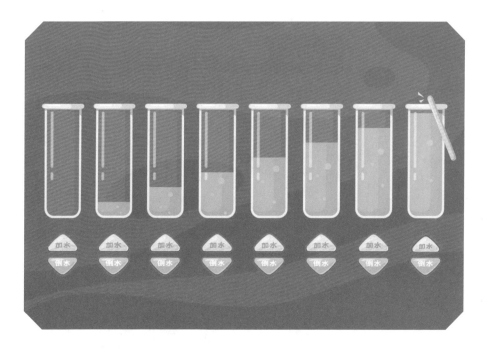

① 导入造型

打开网站 http://school.xiaomawang.com，从第 15 课中下载角色"杯子"，并将其导入。

② 核心代码

（1）角色与音调之间的关系

对应问题求解中，得出的水杯中的水量与音调之间的关系，使用"如果……那么……"判断发音。

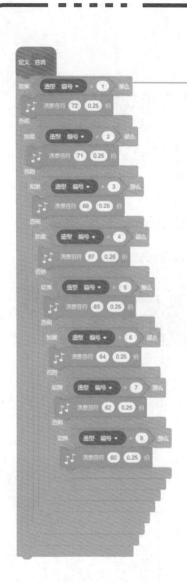

满足造型编号是 1 时，造型是空瓶，打击会发出 i 。钢琴中的 c（72），响 0.25 拍。不满足造型编号是 1 时，则进行是否是造型 2 的判断

（2）1 个水杯的音调调节

对象	关键脚本
	 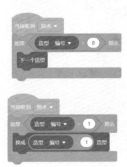

如果我们需要用杯子来演奏简单的乐谱，需要几个杯子？
可以用什么方法来完成？如果你有想法，请你来试一试
制作一个水杯的音量调节器？你发现了什么问题？

程序里面的"水杯编号""加水－编号""倒水－编号"
与"传送编号"的区别是什么？

 写一写

在制作模拟水杯琴的过程中你有什么收获（或困难），请将它们记录下来。

思考题

你了解八音铝板琴吗？请尝试制作一个模拟八音铝板琴，当琴锤敲击不同颜色的琴片时，琴片发出不同的音色。

第16课 小孔成像

科学情境

有人请了一个画匠为他画一幅画。当画匠告诉他画已完成后，他去看，却只看到木板上的一层漆，其他什么也没有，因此他觉得画匠骗了他。而画匠却说："请你修一座房子，房子要有一堵高大的墙，在这堵墙对面的墙上开一扇大窗户，把带有小孔的木板放在窗上，太阳一出来，你在对面的墙上就可以看到一幅图画。"于是他便按照画匠的话去做了，之后他果然在屋子的墙壁上看到了一幅绚丽多彩的风景画，奇怪的是画上的人和车是倒着的，甚至还在动！

用一个带有小孔的板遮挡在墙体与物体之间，墙体上就会形成物体的倒立实像，我们把这样的现象叫作小孔成像。

我们一起来制作一个小孔成像演示装置吧！当小孔的位置前后移动，墙体上像的大小也会随之发生变化。

求解思路

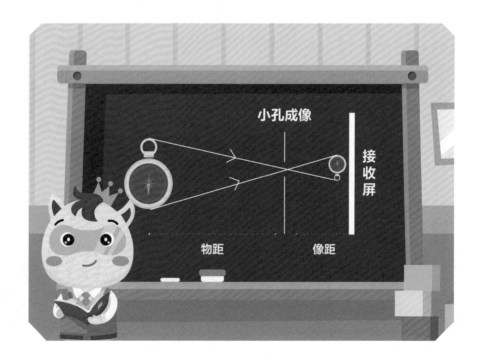

像距越小，所成像越小；反之，则越大。
物距越小，所成像越大；反之，则越小。

按照小孔成像的原理，可以利用公式计
算出成像的大小，即像顶点与像底点的
坐标。公式具体为：
小孔的直径 / 可分辨的物的最小结构
=(物距 + 像距)/ 像距

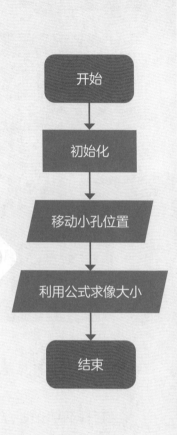

开始

初始化

移动小孔位置

利用公式求像大小

结束

算法实现

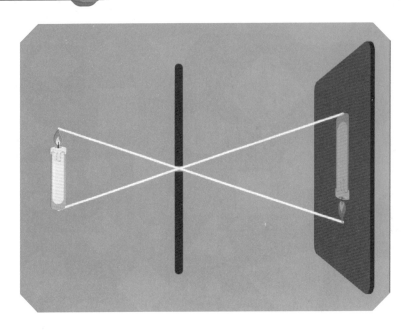

① 导入造型

打开网站 http://school.xiaomawang.com，从第 16 课中下载相关角色，并将其导入。

② 核心代码

根据直线公式求出比例值，根据两段距离的比例求出物体与成像的大小比例

以下这段代码属于光线角色

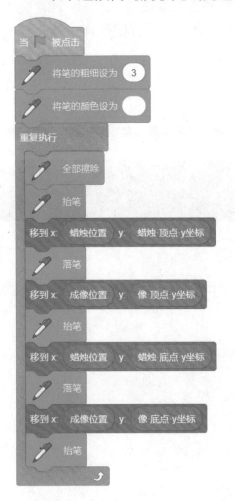

想一想

还有其他的实现方法吗？如果有，请记录下你的操作步骤，并分享给你的同学。

写一写

在制作小孔成像演示装置的过程中你有什么收获（或困难），请将它们记录下来。

邀请你的同学或老师试用一下小孔成像演示装置，听听他们的建议，并将其中好的建议记录下来。

思考题

照相机的镜头相当于一个凸透镜，来自物体的光经过照相机的镜头后会聚在感光胶片上，形成倒立、缩小的实像。你可以尝试制作一个照相机成像的演示装置吗？

第17课 摆的运动

同学们，你们在玩秋千的时候有没有想过怎么样才能荡得更高呢？

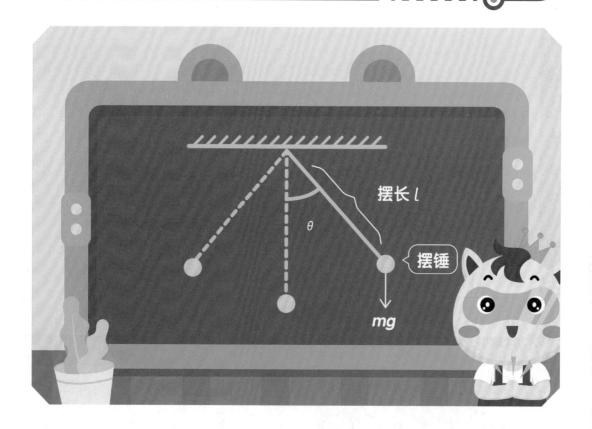

要是能够制作一个摆的运动演示器就好了，选择同一个摆锤，以相同摆绳角度、不同摆长的小球，演示摆的运动快慢。

不同的摆自由摆动的快慢是不一样的。根据单摆运动的周期公式，我们发现单摆的摆动快慢与摆绳长短有关，与摆锤质量、摆绳角度大小无关。

求解思路

在一根长度不变、质量可忽略的细线的一端悬挂一个质点，质点在重力作用下摆动，就构成了单摆。

在单摆模型中，重力对单摆的力矩为 $M=-mgl\sin\theta$。在该公式中，m 为小球的质量，g 为重力加速度，l 为摆长，θ 为角度。

根据角动量定理，可以得到角加速度公式为 $\beta=-g\sin\theta/l$。当 θ 较小时，$\sin\theta\approx\theta$，则角加速度公式为 $\beta=-g\theta/l$。

当 $\theta<10°$ 时，单摆运动的周期公式为 $T=2\pi\sqrt{\dfrac{l}{g}}$。其中，$T$ 为小球来回摆动一次的时间，$\sqrt{}$ 为平方根，l 为摆绳长度，g 为当地的重力加速度（在同一地区的同一高度，任何物体的重力加速度 g 都是相同的，通常取 9.8 米 / 秒 ^{2}）。

根据单摆运动的周期公式，我们发现单摆的摆动快慢与摆绳长短有关，与摆锤质量、摆动角度大小无关，摆长越长，摆动周期越长。

本案例选择了 2 个不同摆长的单摆小球，展示单摆的运动周期与摆长之间的关系。具体步骤如下：

开始

数据初始化

计算间隔时间内单摆的角加速度

计算间隔时间内单摆的角速度

让单摆小球转动角度

计算间隔时间内单摆摆过的角度

等待间隔时间

理解单摆的运动周期公式推算过程是解决问题的关键！

对！我们通过单摆小球角色，创建全局变量间隔时间，创建私有变量，如角速度、角加速度、摆幅、摆长、运动周期、当前角度，并进行初始化。通过角加速度公式计算出单摆角加速度，通过角加速度和间隔时间计算出摆动的角度，让小球转动角度。

算法实现

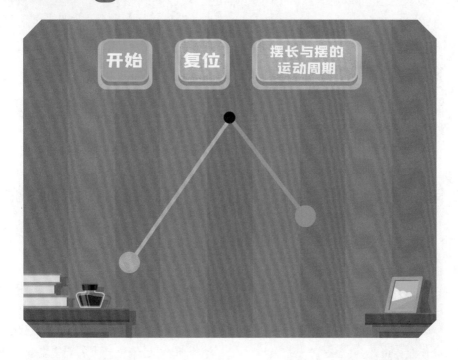

① 导入造型

打开网站 http://school.xiaomawang.com，从第 17 课中下载角色"单摆小球"，并将其导入。同学们也可以自己进行绘制。

② 核心代码

（1）新建角色
本程序的主要角色是单摆小球、中心点以及三个按钮（开始、复位、摆长与摆的运动周期）。
（2）数据初始化
在"开始"按钮中新建全局变量间隔时间，并初始化。

以下这段脚本属于开始按钮角色

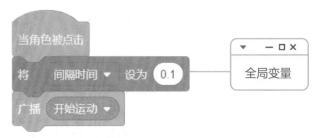

以下这段脚本属于小球角色，我们需要新建的私有变量有角速度、角加速度、摆幅、摆长、运动周期、当前角度，并进行初始化。

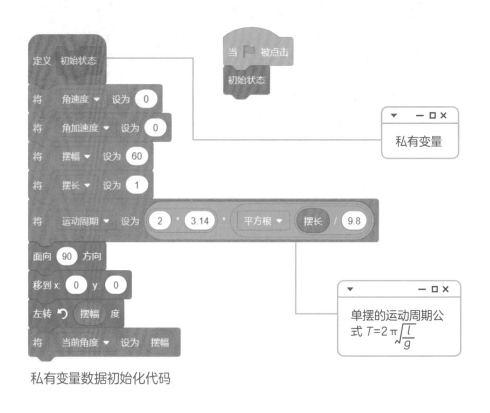

私有变量数据初始化代码

（3）让单摆小球摆动起来

通过角加速度的公式 $\beta = -g\theta/l$ 计算单摆小球的角加速度，根据角加速度和间隔时间计算角速度，通过角速度和间隔时间计算旋转的角度并进行旋转。

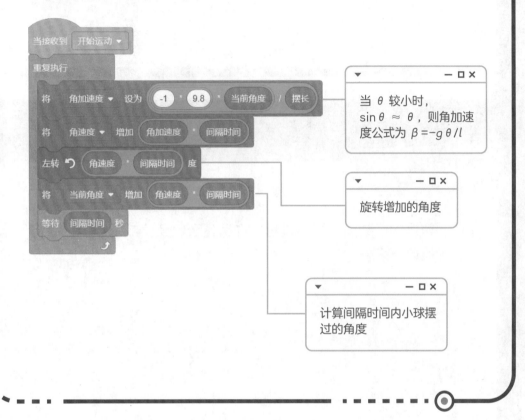

当 θ 较小时，$\sin\theta \approx \theta$，则角加速度公式为 $\beta = -g\theta/l$

旋转增加的角度

计算间隔时间内小球摆过的角度

想一想

若要在程序中再增加一个摆长不同的单摆小球，应该如何实现呢？

写一写

在制作摆的运动演示器的过程中你有什么收获（或困难），请将它们记录下来。

邀请你的同学或老师试用一下摆的运动演示器，听听他们的建议，并将其中好的建议记录下来。

思考题

请尝试制作不同摆幅或不同摆锤质量的单摆小球绕一个中心点做单摆运动的演示器。

第18课 电路检测

假如给你一根导线、一节电池、一个小灯泡，怎么样连接可以点亮灯泡呢?

通路	电流从正极出发，经过用电器（灯丝），回到负极
断路	电流从正极出发，回不到负极
短路	电流从正极出发，直接回到负极，而没有经过用电器（灯丝）

如果有一节电池、一个小灯泡、两根导线，你能让小灯泡亮起来吗？

短路时，电池中的电很快会消耗完，并且电池还会在一瞬间发热变烫，甚至可能爆炸。
要是能制作一个电路判断器程序直接判断电路是短路、通路还是断路就好了！

难点分解

任务 1：如何判断导线碰到的是灯泡／电池的哪个部位？

任务 2：怎样确保只画两根导线？

任务 3：怎样判断通路、断路和短路？

问题求解

在 Scratch 中，角色只能作为一个整体来判断是否触碰到。怎样才能判断随机绘制的导线碰到的是灯泡 / 电池的哪个部位呢？

只有接触电池正、负极才是有效的，就算碰了电池侧面也没用，电路是不通的。那我干脆把电池角色"拆"了，直接画一个正极角色和一个负极角色吧。

好主意！那我把小灯泡也拆成三部分：（连着灯丝一端的）底部连接点作为一个角色、（连着灯丝另一端的）金属螺纹作为一个角色，剩下的地方为一个角色，怎么触碰这些地方都没用！

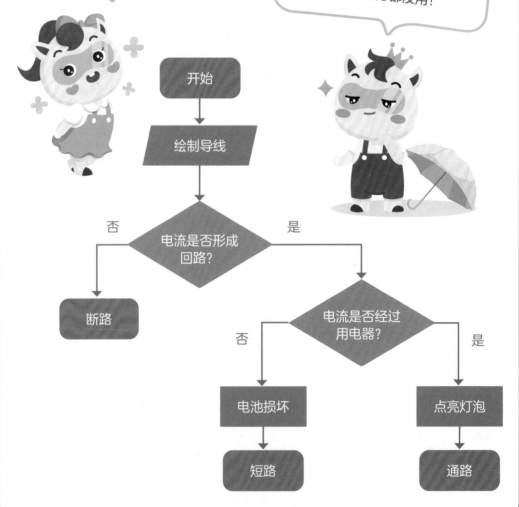

可是，导线是随机画的啊，不是一个固定的形状，没办法将它拆分成角色呀。

那可以用画笔的颜色来表示导线有没有触碰。
两根导线就用两种颜色表示吧。

电池正负极 接线情况	灯泡两处连接点 接线情况	判断
两极同色触碰 （同一根导线直接接触正、负极）	任何情况	短路
两极异色触碰 （两根导线分别接触正、负极）	两处异色触碰 （两根导线分别接触两个连接点）	通路
两极异色触碰 （两根导线分别接触正、负极）	单处异色触碰 （两根导线触碰在了同一个连接点）	短路
其他情况	其他情况	断路

算法实现

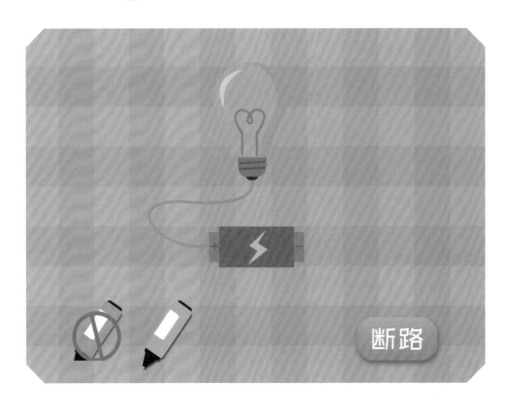

断路

① 导入造型

打开网站 http://school.xiaomawang.com，从第 18 课中下载相关角色，并将其导入。

② 核心代码

（1）每根导线只能画1次

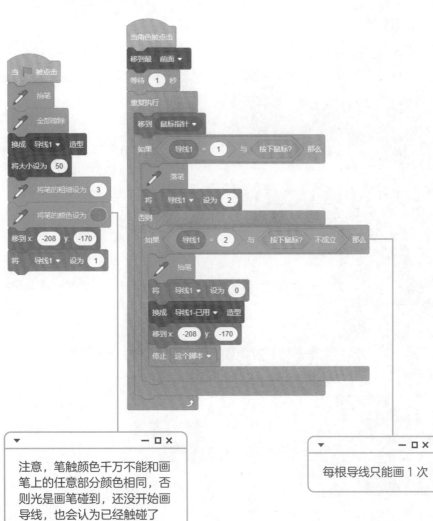

当 🏳 被点击
抬笔
全部擦除
换成 导线1 ▾ 造型
将大小设为 50
将笔的粗细设为 3
将笔的颜色设为 ⬤
移到 x -208 y -170
将 导线1 ▾ 设为 1

当角色被点击
移到最 前面 ▾
等待 1 秒
重复执行
　移到 鼠标指针 ▾
　如果 导线1 = 1 与 按下鼠标? 那么
　　落笔
　　将 导线1 ▾ 设为 2
　否则
　　如果 导线1 = 2 与 按下鼠标? 不成立 那么
　　　抬笔
　　　将 导线1 ▾ 设为 0
　　　换成 导线1-已用 ▾ 造型
　　　移到 x -208 y -170
　　　停止 这个脚本 ▾

▾　　　　　　　　　─ □ ✕

注意，笔触颜色千万不能和画
笔上的任意部分颜色相同，否
则光是画笔碰到，还没开始画
导线，也会认为已经触碰了

▾　　　　　　　　　─ □ ✕

每根导线只能画1次

（2） 如何判断电路通断

```
重复执行
  如果  +导线  =  -导线  那么
    换成  短路 ▼  造型
    广播  短路 ▼
  否则
    如果  电池正极  =  1  与  电池负极  =  1  那么
      如果  灯泡连接点  =  1  与  灯泡螺纹  =  1  那么
        换成  通路 ▼  造型
        广播  通路 ▼
      否则
        如果  灯泡连接点  =  2  或  灯泡螺纹  =  2  那么
          换成  短路 ▼  造型
          广播  短路 ▼
        否则
          换成  断路 ▼  造型
          广播  断路 ▼
    否则
      换成  断路 ▼  造型
      广播  断路 ▼
```

想一想

还有其他的实现方法吗？如果有，请与同学交流你的想法，并比一比不同想法之间的优缺点。

写一写

在制作电路检测器的过程中你有什么收获（或困难），请将它们记录下来。

邀请你的同学或老师试用一下电路检测器，听听他们的建议，并将其中好的建议记录下来。

思考题

1. 如果只用一根导线，该如何设计？
（提示：可以将灯泡和电池分别进行单击旋转。）

2. 如果要呈现电流从正极出发、顺着导线流动，你有办法实现吗？
（提示：用列表捕捉绘画坐标，再将电流角色沿坐标列表进行移动。）

作者简介

潘永玮

精通 C#，JavaScript，Python，C++ 等编程语言，拥有动态网站以及学习系统的开发经验。

冯炜涛

信息科技类竞赛资深指导师，所指导的学生多次在省、市各类信息科技类竞赛活动中获奖。

朱淑静

杭州天成教育集团信息科技教师，江干区、上城区优秀教师，江干区区教坛新秀。各级编程类竞赛资深指导师，2014 年带领学生获杭州市中小学生科技节 Scratch 语言趣味挑战赛一等奖。多篇教学论文、研究成果公开发表。

朱诗鋆

浙江师范大学现代教育技术协会会长，浙江省政府一等奖学金获得者，曾获第七届中国国际"互联网 +"大学生创新创业大赛金奖、第 15 届中国大学生计算机设计大赛一等奖。

陈菁菁

杭州市教坛新秀，曾获浙江省第十一届"教改之星"金奖、第五届 DFRobot 杯全国中小学机器人教学暨创客教育展评特等奖，指导的学生多次在各类竞赛获得全国省市区一、二等奖。

陈妮娜

杭州市教坛新秀、西湖区优秀教师，学生信息科技竞赛资深指导师，曾获浙江省第十届"教改之星"铜奖。

黄晓芳

杭州市教坛新秀、上城区信息科技学科带头人、精锐教师，辅导学生参加各级各类科技、电脑制作评比活动，其中有百余名学生获国家、省、市级奖项，设计的"跟小特学机器人"课程被评为浙江省义务教育精品课程。

李凌月

浙江省高等学校在线开放课程共享平台课程资深管理员，2018 年中国大学生计算机设计大赛安徽省三等奖。

蔡静

杭州市青少年智能机器人竞技活动优秀指导教师，撰写的论文多次获得杭州市一等奖。曾多次指导学生参加国家、市、区级信息技术类比赛，成绩优异。

郑松松

中小学二级教师，执教小学信息科技学科。工作至今，曾获得"西湖区 2018 学年区年度考核优秀""2020 年杭州市青少年智能机器人竞技活动优秀指导教师""西湖区 2021 学年区年度考核优秀"等荣誉。该教师撰写的课题、论文、案例，多次获得杭州市及西湖区一等奖。该教师认真教学，深得孩子的喜欢和家长的信任，并多次承担区级展示课、区级讲座。曾多次指导学生参加国家、市、区级信息技术类比赛，并获得优异成绩。

孙秀芝

杭州市教坛新秀，上城区信息学科带头人。课例曾入选 2018 年浙江省"一师一优课、一课一名师"活动省级"优课"名单，并荣获杭州市一等奖。有二十余篇论文公开发表或获奖。多次指导学生参加信息科技类课外竞赛活动并获省市级奖项。

陈环环

杭州市教坛新秀，曾获杭州市第十二届"教改之星"金奖、信息技术（浙江摄影版）五年级下册电子音像教材编委会成员，撰写的论文以及参与的课题曾多次获得浙江省一等奖及市区一、二等奖，多次指导学生参加竞赛获得全国省市区一、二等奖。

吴枭

杭州市优秀指导教师，区优秀教师，撰写的论文、案例多次在市级评比活动中获奖。所指导的学生多次在省市比赛中获奖。

彭晓丽

浙江师范大学 Moodle 智慧学习平台的管理员，课程拍摄与剪辑资深专家。

黄婷

杭州市优秀指导教师，上城区优秀教师，多篇论文公开发表，多次指导学生参加各级信息类竞赛获得省市一、二等奖。

林鸣

上城区优秀教师，撰写的论文多次获奖和发表；信息科技课程资深作者，参与《玩转 3D pen》《Scratch 3.0 程序设计》《Python 程序设计入门》《未来城市》《青少年算法启蒙》《Paracraft 青少年 3D 动画编程入门（微课版）》《AI 编程实验手册》等图书的编写工作；指导的学生多次在省、市级科技比赛中获得一、二等奖。

裘涛洁

江干区教坛新秀、江干区优秀教师，多次指导学生参加国家、省、市、区各级各类信息科技竞赛活动，并获得优异成绩。

陈梦瑶

西湖区教坛新秀、西湖区精品课程负责人，获西湖区教育科研先进个人，多次获得市区优秀教育科研成果一、二等奖，多篇文章发表于核心期刊。多次指导学生参与竞赛获得全国、省、市、区一、二等奖。

郭巍丹

杭州市 D 类高层次人才，杭州市教坛新秀，杭州市新锐教师，上城区首届信息学科带头人。曾获全国小学信息技术优质课展评活动标杆课（特等奖）、全国信息技术课程教学案例一等奖、全国教育教学信息化大奖赛二等奖、杭州市优质课一等奖。长期致力于智慧课堂、机器人教学研究，参编教材 3 本，各类论文、教学案例、科研成果获奖和发表 40 余次，微课、课件等在全国、省、市、区获奖计 30 余次；辅导学生获奖 100 余次，连续多年被评为杭州市优秀指导教师。

侯晓蕾

上城区教坛新秀、上城区优秀教师、上城区信息学科带头人。负责的课题、撰写的论文以及设计的课件等多次获国家、省、市级奖项；参与多本教材编写；参与教育部"国培计划"远程培训讲座；参与之江汇"名师金课"，多门课程入选之江汇同步课程，评为浙江省精品教学空间。指导学生参加省、市、区各类科技比赛获奖，被评为杭州市优秀指导教师、上城区优秀科技辅导员等。

李菁雯

资深信息科技教师，参加编写的教学案例入选中国教育学会中小学信息技术科技应用及教学案例。

孙俊梅

陕西师范大学人工智能与科创教育研究中心成员，教育部"国培计划"讲师。先后发表多篇 CSSCI、SSCI、EI 学术论文，主持、参与省市级课题 9 项，参与编写人工智能和编程教育相关教材 10 余本；指导学生参加省市区各类编程比赛，获优秀指导教师称号。

潘瑛璐

杭州市信息技术骨干教师、西湖区信息学科带头人。市优质课一等奖获得者。多项课题、论文案例在省、市获一等奖。参与浙江省编小学信息技术教材配套教材资源库以及《中小学信息技术教学案例专题研究》的编写。

朱晔

Scratch 课程研发工程师，小码王资深讲师。参与编著多本 Scratch 编程教材，代表作《Scratch3.0 程序设计》《Python3 程序设计》《青少年算法启蒙》。拥有多年的 Scratch 授课及课程研发经验，精通 Scratch，Python，JavaScript 等多门编程语言。多次负责小码王 Scratch 赛前集训的组织辅导工作，辅导的学员多次获得全国、省市奖项。

骆洲

信息科技教师。

周乐跃

上城区教坛新秀、上城区优秀教师，多次指导学生参加全国省市区竞赛获一、二等奖并被评为优秀指导教师。

陶道利

上城区教坛新秀，曾获杭州市小学信息技术优质课评比活动一等奖，参与教育部"国培计划（2019）"远程培训项目、浙江省信息技术农远工程录像课等拍摄录制。课题、论文、案例、课件、微课程等多次在国家及省市竞赛中获奖，多篇论文在杂志发表。

谢滢

杭州市教坛新秀，区优秀党员、优秀教师，曾荣获 2019 年全国教师教育教学信息化交流课例一等奖，2018 年杭州市一师一优课二等奖。

吴琳

西湖区教坛新秀，2023 年获得省中小学信息技术论文二等奖。指导的学生在机器人竞赛和创客比赛中多次获奖。

沈国荣

杭州市教坛新秀，杭州市先进教育工作者，省市教改之星金奖、西湖区项目制首席教师、西湖区最美教师、西湖区优秀教师、西湖区优秀共产党员、西湖区科研先进个人、西湖区第二层次学科带头人。全国、省、市、区信息技术优质课评比一等奖。